예쁜 글씨
예쁜 태교

| 모란콘텐츠연구소 엮음 |

moRan

예쁜 글씨
예쁜 태교

초판 1쇄 발행 2018년 7월 10일
초판 4쇄 발행 2022년 7월 25일

펴낸곳 moRan | 펴낸이 김영애
출판등록 제406-2016-000056호
전화 031-955-1581 | 팩스 031-955-1582 | 전자우편 moran_con@naver.com

ISBN 979-11-958060-3-4 03590

독자에게 드리는 글

·········♥

 세상에서 가장 기대되지만 가장 어려운 일은 태교가 아닐까요? 부모가 되는 것은 아이와 함께 새롭게 태어나는 것과도 같을 것입니다. 아이가 처음 이 세상에 오듯 부모도 처음 해보는 역할이니까요. 어떻게 하면 내 아이에게 가장 좋을 것을 줄 수 있을까요?

 이 책에 실린 글을 한 줄씩 따라 쓰면서 의미를 되새겨 보고 아이에게 말해 주십시오. 세상 어떤 이야기보다 아이가 앞으로 살아가면서 필요한 말들이 될 것입니다. 중국의 부모들이 자녀에게 「명심보감」이나 「채근담」보다 더 많이 읽힌다는 「증광현문」에서 가려 뽑아 다듬어 실었습니다.

 이 책의 컬러링 삽화는 미국의 삽화가 제시 윌콕 스미스^{Jessie Willcox Smith(1863~1935)}의 원본을 재생하여 선을 제공하였습니다. 우리에게는 어린 아이들 그림으로 잘 알려진 작가입니다. 자신만의 색으로 컬러링하면서 태어날 아이에게 색을 많이 보여주세요. 아이는 태어나기 전부터 엄마의 눈을 통해 세상을 다 보고 있다고 합니다.

 태교라는 어려운 숙제를 세상 쉽고 편하게 풀 수 있도록 마련하였습니다. 예쁜 글씨로 예쁜 태교하세요.

모란콘텐츠연구소 드림

🌸 자기 자신

행운과 불행은 따로 문이 없어.
자신이 스스로 불러들이는 거야.
⋯⋯⋯⋯♡

행	운	과		불	행	은		따	로	
문	이		없	어	.		자	신	이		스
스	로		불	러	들	이	는		거	야	.

❀ 책 읽기

책은 그냥 읽는 거야.
글자 하나는 황금보다 큰 의미가 있으니까.
·········♡

책	은		그	냥		읽	는		거	야.
글	자		하	나	는		황	금	보	다
큰		의	미	가		있	으	니	까.	

✿ 장점과 단점

사랑하려면 그의 단점을 먼저 보고
미워하려면 그의 장점을 먼저 봐야 해.

·········♡

	사	랑	하	려	면		그	의		단	점
을		먼	저		보	고		미	워	하	려
면		그	의		장	점	을		먼	저	
봐	야		해	.							

말

따뜻한 말 한마디는 한겨울 추위도 녹이고,
어긋난 말 한마디는 한여름 더위에도 찬바람을 불게 한단다.
·········♡

	따	뜻	한		말		한	마	디	는
한	겨	울		추	위	도		녹	이	고	,
어	긋	난		말		한	마	디	는		한
여	름		더	위	에	도		찬	바	람	을
불	게		한	단	다	.					

❀ 대화

때로는 친구와 대화를 나누는 것이
열 권의 책을 읽는 것보다 더 나을 때도 있지.
·········♡

때	로	는		친	구	와		대	화	를
나	누	는		것	이		열		권	의
책	을		읽	는		것	보	다		더
나	을		때	도		있	지	.		

❀ 시간

성공하기 위해서는 백년을 공 들여도 모자라지만,
그르치는 것은 한순간이란다.
·········♡

	성	공	하	기		위	해	서	는		백
년	을		공		들	여	도		모	자	라
지	만 ,		그	르	치	는		것	은		
한	순	간	이	란	다 .						

🌸 순리

무슨 일이든 이치를 따르고,
어떤 말이든 사람의 마음을 따라야 한단다.

·········♡

	무	슨		일	이	든		이	치	를	
따	르	고	,		어	떤		말	이	든	
사	람	의		마	음	을		따	라	야	
한	단	다	.								

🌸 용서

다른 사람을 용서하는 건 바보라서가 아니야.
진짜 바보는 용서가 뭔지 모르거든.

·········♡

	다	른		사	람	을		용	서	하	는
건		바	보	라	서	가		아	니	야	.
진	짜		바	보	는		용	서	가		뭔
지		모	르	거	든	.					

✿ 우애

형제가 서로 미워하면 남보다 못하지만
어려운 일을 거드는 사람은 형제밖에 없단다.
·········♡

형	제	가		서	로		미	워	하	면
남	보	다		못	하	지	만		어	려	운
일	을		거	드	는		사	람	은		형
제	밖	에		없	단	다	.			

✿ 행동

나쁜 일은 변명할 필요가 없고
착한 일은 주저할 필요가 없는 법이란다.

·········♡

나	쁜		일	은		변	명	할		필
요	가		없	고		착	한		일	은
주	저	할		필	요	가		없	는	법
이	란	다	.							

❀ 사랑하는 법

내가 아는 만큼 남을 이해해 주고,
내 마음처럼 남의 마음을 헤아려 주렴.
·········♡

	내	가		아	는		만	큼		남	을
이	해	해		주	고	,		내		마	음
처	럼		남	의		마	음	을		헤	아
려		주	렴	.							

🌸 사랑받는 법

다른 사람을 탓하듯이 나를 탓하고,
내 몸을 아끼듯이 다른 사람을 아껴주렴.

·········♡

다	른		사	람	을		탓	하	듯	이
나	를		탓	하	고	,		내		몸	을
아	끼	듯	이		다	른		사	람	을
아	껴	주	렴	.						

✿ 결정

결정하기 전에 두 번 세 번 다시 생각해 봐야 해.
그전에 제일 먼저 할 일은 자기 마음을 속이지 않는 거야.

·········♡

	결	정	하	기		전	에		두		번
세		번		다	시		생	각	해		봐
야		해	.		그	전	에		제	일	
먼	저		할		일	은		자	기		마
음	을		속	이	지		않	는		거	야	.

🌸 소중함

뜨거운 태양 아래에서는 그늘이 고맙고,
어두운 밤에는 불빛이 반가운 법이지.
·········♡

	뜨	거	운		태	양		아	래	에	서
는		그	늘	이		고	맙	고	,		어
두	운		밤	에	는		불	빛	이		반
가	운		법	이	지	.					

🌸 유유상종

물 가까이 살면 물고기를 알아보게 되고,
산 가까이 살면 새소리를 알아듣게 된단다.

·········♡

	물	가	까	이		살	면		물	고
기	를		알	아	보	게		되	고	,
산		가	까	이		살	면		새	소	리
를		알	아	듣	게		된	단	다	.

✽ 직관

길이 멀면 말(馬)의 힘을 알 수 있고,
일이 길어지면 사람의 마음을 읽게 되지.

·········♡

길	이		멀	면		말	(	馬	)	의
힘	을		알		수		있	고	,	일
이		길	어	지	면		사	람	의	마
음	을		읽	게		되	지	.		

🌸 속단 금지

운이 나쁘면 황금도 쇳덩어리 취급을 당하고,
때가 되면 쇳덩어리도 값어치가 생기지.

·········♡

	운	이		나	쁘	면		황	금	도	
쇳	덩	어	리		취	급	을		당	하	고,
때	가		되	면		쇳	덩	어	리	도	
값	어	치	가		생	기	지	.			

🌸 상처 피하기

친구를 사귈 때 말을 많이 하지 마.
내 마음 전부를 주지는 마.
·········♡

친	구	를		사	귈		때		말	을
많	이		하	지		마	.		내		마
음		전	부	를		주	지	는		마	.

🌸 즐기기

좋은 일이라면 그저 하기만 해.
그 다음은 생각하지도 묻지도 마.
·········♡

	좋	은		일	이	라	면		그	저	
하	기	만		해	.		그		다	음	은
생	각	하	지	도		묻	지	도		마	.
	.										

✿ 넓게 보기

한곳에 몰두하면 전체를 보기 어렵지.
오히려 옆 사람이 더 잘 본다.
·········♡

	한	곳	에		몰	두	하	면		전	체
를		보	기		어	렵	지	.		오	히
려		옆		사	람	이		더		잘	
본	단	다	.								

✿ 최선

아무리 큰 강도 산골에서는 좁고 급하게 흐르듯이
사람도 급해지면 자기 살 길을 찾아 움직이게 된단다.
·········♡

아	무	리		큰		강	도		산	골
에	서	는		좁	고		급	하	게		흐
르	듯	이		사	람	도		급	해	지	면
자	기		살		길	을		찾	아		움
직	이	게		된	단	다	.			

✿ 존재감

나타날 때는 폭풍처럼.
떠날 때는 티끌처럼.
·········♡

	나	타	날		때	는		폭	풍	처	럼.
	떠	날		때	는		티	끌	처	럼	.

Agreement

✿ 다수 의견

많은 사람이 반대하면 억지로 하려 하지 마.
내 마음대로만 하려 들면 무슨 일이든 이루기 어렵거든.

·········♡

많	은		사	람	이		반	대	하	면
억	지	로		하	려		하	지		마	.
내		마	음	대	로	만		하	려		들
면		무	슨		일	이	든		이	루	기
어	렵	거	든	.						

✿ 겸손

먼저 도착했다고 우쭐대지는 마.
항상 더 먼저 출발한 사람이 있으니까.

·········♡

	먼	저		도	착	했	다	고		우	쫄
대	지	는		마	.						
	항	상		더		먼	저		출	발	한
사	람	이		있	으	니	까	.			

🌸 떳떳함

평소에 나쁜 일을 저지르지 않으면
한밤중에 누가 문을 두들겨도 놀랄 일이 없지.

·········♡

	평	소	에		나	쁜		일	을		저
지	르	지		않	으	면		한	밤	중	에
누	가		문	을		두	들	겨	도		놀
랄		일	이		없	지	.				

✿ 자존감

모란꽃이 아무리 예뻐도 눈에만 즐거움을 주고,
대추나무는 아무리 작아도 열매를 맺는단다.
·········♡

	모	란	꽃	이		아	무	리		예	뻐
도		눈	에	만		즐	거	움	을		주
고	,		대	추	나	무	는		아	무	리
작	아	도		열	매	를		맺	는	단	다 .

🌸 시련

대나무는 떨어진 껍질에서 싹이 나고
큰 파도는 물고기를 용으로 만들어 준대.

·········♡

	대	나	무	는		떨	어	진		껍	질
에	서		싹	이		나	고		큰		파
도	는		물	고	기	를		용	으	로	
만	들	어		준	대	.					

🌸 미덕

자랑하지 않으면 아무와도 싸울 일이 없고
잘난 척하지 않으면 누구도 공을 가로채지 않아.

·········♡

자	랑	하	지	않	으	면	아	무
와	도	싸	울	일	이	없	고	
잘	난	척	하	지	않	으	면	누
구	도	공	을	가	로	채	지	않
아	.							

❀ 태도

명확하게 하려고 남을 아프게 해선 안 되고,
바르게 하려고 남을 고치려 들면 안 된단다.

·········♡

	명	확	하	게		하	려	고		남	을
	아	프	게		해	선		안		되	고	,
바	르	게		하	려	고		남	을		고
치	려		들	면		안		된	단	다	.

✿ 경계

타인이 주는 기쁨을 오롯이 즐거워하지 말고
타인이 주는 믿음 또한 전부 받지 말길.

·········♡

타	인	이		주	는		기	쁨	을
오	롯	이		즐	거	워	하	지		말	고
타	인	이		주	는		믿	음		또
한		전	부		받	지		말	길	.

✿ 인간성

자주 만나는 사이일수록 예의를 지켜야 하고,
사소한 물건이라도 소중하게 여길 줄 알아야 해.
·········♡

자	주		만	나	는		사	이	일	수
록		예	의	를		지	켜	야		하	고,
사	소	한		물	건	이	라	도		소	중
하	게		여	길		줄		알	아	야	
해	.										

🌸 품위

남을 대할 때 눈곱만큼도 속임수를 쓰지 않고
일을 대할 때 진정성을 담아 조용히 임하도록.
·········♡

남	을		대	할		때		눈	곱	만
큼	도		속	임	수	를		쓰	지	않
고		일	을		대	할		때		진	정
성	을		담	아		조	용	히		임	하
도	록	.								

🌸 명심

좋은 칭찬은 듣기 어렵지만
나쁜 평판은 금세 퍼져 나간단다.

·········♡

좋	은		칭	찬	은		듣	기		어
렵	지	만		나	쁜		평	판	은		금
세		퍼	져		나	간	단	다	.		

🌸 관계

봄날처럼 따스하다고 마냥 좋기만 할까.
가을 찬바람 불 때도 있다는 걸 늘 염두에 두어야 하지.

·········♡

봄	날	처	럼		따	스	하	다	고
마	냥		좋	기	만		할	까	.
	가	을		찬	바	람		불		때	도
있	다	는		걸		늘		염	두	에
두	어	야		하	지	.			

❀ 그릇의 크기

사람이 착하면 그만큼 속이기가 쉽고
말이 잘 달리면 그만큼 타보고 싶은 사람이 많아진단다.
·········♡

	사	람	이		착	하	면		그	만	큼
속	이	기	가		쉽	고		말	이		잘
달	리	면		그	만	큼		타	보	고	
싶	은		사	람	이		많	아	진	단	다.

✿ 선한 마음

악한 이는 사람들이 겁을 내도 하늘은 겁내지 않고
선한 이는 사람들이 속이려 들지만 하늘은 속이지 않는단다.

·········♡

악	한		이	는		사	람	들	이
겁	을		내	도		하	늘	은		겁	내
지		않	고		선	한		이	는		사
람	들	이		속	이	려		들	지	만
하	늘	은		속	이	지		않	는	단	다.

❀ 처신

목표를 세울 때는 담대하게 높고 크게 세우더라도
마음은 한없이 낮추어 작게 가져야 해.

·········♡

목	표	를		세	울		때	는		담
대	하	게		높	고		크	게		세	우
더	라	도		마	음	은		한	없	이
낮	추	어		작	게		가	져	야		해.

🌸 약속

아무리 작은 것 하나라도 주기로 했으면
온갖 유혹이 쏟아져도 어기면 안 되는 거란다.
·········♡

아	무	리		작	은		것		하	나
라	도		주	기	로		했	으	면	온
갓		유	혹	이		쏟	아	져	도	어
기	면		안		되	는		거	란	다 .

🌸 반성

하루에 적어도 세 번은 자신이 한 일을 생각해 보고
자기 전에는 적어도 네 번은 무슨 일을 했는지 생각해 봐.
·········♡

	하	루	에		적	어	도		세		번
은		자	신	이		한		일	을		생
각	해		보	고		자	기		전	에	는
적	어	도		네		번	은		무	슨	
일	을		했	는	지		생	각	해		봐.

🌸 존중

모르면 가르쳐 주면 되는 거야.
뭘 알겠냐고 단정 짓지 마.

·········♡

모	르	면		가	르	쳐		주	면
되	는		거	야	.		뭘		알	겠	나
고		단	정		짓	지		마	.

✿ 중요함

모두 다 찬성해도
한 사람이 반대할 때는 이유가 있어.

·········♡

모	두		다		찬	성	해	도		한
사	람	이		반	대	할		때	는		이
유	가		있	어	.					

✿ 금지

남이 몰랐으면 하는 생각이 들거든
그 일은 하지 않는 게 좋아.

·········♡

남	이		몰	랐	으	면		하	는	
생	각	이		들	거	든		그	일	은
하	지		않	는		게		좋	아	.

❀ 일치

마음과 말을 일치시켜
사람을 속이는 일은 없도록 해야 해.
·········♡

	마	음	과		말	을		일	치	시	켜
사	람	을		속	이	는		일	은		없
도	록		해	야		해	.				

❀ 진정한 용기

잘못이 있으면 고치기를 망설이지 말고
혼자 있다고 해서 자기를 속이지는 마.

·········♡

	잘	못	이		있	으	면		고	치	기
를		망	설	이	지		말	고		혼	자
있	다	고		해	서		자	기	를		속
이	지	는		마	.						

🌸 뒷면

나의 좋은 점만 말해주는 사람은 도둑이나 다름없고
나의 나쁜 점을 말해주는 사람은 스승이나 다름없단다.
‥‥‥‥‥♡

나	의		좋	은		점	만		말	해
주	는		사	람	은		도	둑	이	나
다	름	없	고		나	의		나	쁜	점
을		말	해	주	는		사	람	은	스
승	이	나		다	름	없	단	다	.	

🌸 생각

하늘을 볼 때는 내가 한 일을 떠올려 보고
옆 사람을 볼 때는 내가 베푼 일을 떠올려 봐.
·········♡

하	늘	을		볼		때	는		내	가
한		일	을		떠	올	려		보	고
옆		사	람	을		볼		때	는	내
가		베	푼		일	을		떠	올	려
봐	.									

❀ 수준

친구는 나보다 나은 사람이 좋지.
같은 수준이라면 친구에게 너무 큰 것을 기대하지는 마.

·········♡

친	구	는		나	보	다		나	은
사	람	이		좋	지	.		같	은	수
준	이	라	면		친	구	에	게		너	무
큰		것	을		기	대	하	지	는		마	.

✿ 조건

내가 필요한 사람을 찾을 때는 더 나은 사람을,
내가 도와줄 사람을 찾을 때는 더 힘든 사람을.
⋯⋯⋯⋯♡

내	가		필	요	한		사	람	을
찾	을		때	는		더		나	은	사
람	을	,		내	가		도	와	줄	사
람	을		찾	을		때	는		더		힘
든		사	람	을	.				

🌸 거리

남을 해치는 마음을 가져서도 안 되지만
조심하는 마음이 없어서도 안 되는 법이란다.
·········♡

남	을		해	치	는		마	음	을	
가	져	서	도		안		되	지	만		조
심	하	는		마	음	이		없	어	서	도
안		되	는		법	이	란	다	.		

❀ 선택

부족하더라도 정의롭게 살아야 하며
여유 있게 살려고 약아져서도 안 된단다.
·········♡

	부	족	하	더	라	도		정	의	롭	게
살	아	야		하	며		여	유		있	게
살	려	고		약	아	져	서	도		안	
된	단	다	.								

❀ 진실

진실하게 살면 생활함이 여유롭지만
거짓되게 살면 헛수고로 바쁘게 살게 되지.
·········♡

진	실	하	게		살	면		생	활	함
이		여	유	롭	지	만		거	짓	되	게
살	면		헛	수	고	로		바	쁘	게
살	게		되	지	.					

❀ 격의

긴 시간 같이 지내면 느슨해질 수 있고,
너무 자주 만나면 친한 사람도 멀어질 수 있어.
·········♡

	긴		시	간		같	이		지	내	면
느	슨	해	질		수		있	고	,		너
무		자	주		만	나	면		친	한	
사	람	도		멀	어	질		수		있	어 .

🌸 적당함

즐겁다고 끝까지 놀다보면 결국 슬픈 일이 생기고
욕심이 난다고 끝까지 가지려고 하면 망하기 쉬운 거란다.
·········♡

즐	겁	다	고		끝	까	지		놀	다
보	면		결	국		슬	픈		일	이
생	기	고		욕	심	이		난	다	고
끝	까	지		가	지	려	고		하	면
망	하	기		쉬	운		거	란	다	.

✿ 버리기

욕심을 줄이면 머리가 맑아지지만
생각이 많아지면 온몸에 기운이 빠진단다.
·········♡

욕	심	을		줄	이	면		머	리	가
맑	아	지	지	만		생	각	이		많	아
지	면		온	몸	에		기	운	이		빠
진	단	다	.							

✿ 조심하기

말할 때는 행동을 돌아보고,
행동할 때는 했던 말을 생각해 봐야 해.
·········♡

말	할		때	는		행	동	을		돌
아	보	고	,		행	동	할		때	는
했	던		말	을		생	각	해		봐	야
해	.									

❀ 성공

일하는 것은 사람에게 달려 있지만
성공하는 것은 하늘의 뜻이지.

·········♡

일	하	는		것	은		사	람	에	게
달	려		있	지	만		성	공	하	는
것	은		하	늘	의		뜻	이	지	.

🌸 입 속의 칼

남을 상하게 하는 한마디는 날카롭기가
마치 칼로 살을 베는 것과 다르지 않아.

·········♡

남	을		상	하	게		하	는		한
마	디	는		날	카	롭	기	가		마	치
칼	로		살	을		베	는		것	과
다	르	지		않	아	.				

🌸 발전

누구나 같은 사람으로 태어나지만,
습관 때문에 자연스럽게 다른 사람이 되는 거야.

·········♡

누구나 같은 사람으로
태어나지만, 습관 때문
에 자연스럽게 다른 사
람이 되는 거야.

공부

배우면 하나라도 깨닫게 되지만,
배우지 않으면 항상 그렇게 살아간단다.
·········♡

배	우	면		하	나	라	도		깨	닫
게		되	지	만	,		배	우	지		않
으	면		항	상		그	렇	게		살	아
간	단	다	.								

✿ 주장

어리석은 사람은 자기 뜻대로 하기를 좋아하고,
가벼운 사람은 자기만 옳다고 주장하지.

·········♡

어	리	석	은		사	람	은		자	기
뜻	대	로		하	기	를		좋	아	하	고,
가	벼	운		사	람	은		자	기	만
옳	다	고		주	장	하	지	.		

❀ 같은 부류

세게 굴면 더 센 사람을 만나고,
나쁜 마음을 먹으면 결국 더 나쁜 사람에게 시달리게 되는 거야.

·········♡

	세	게		굴	면		더		센		사
람	을		만	나	고	,		나	쁜		마
음	을		먹	으	면		결	국		더	
나	쁜		사	람	에	게		시	달	리	게
되	는		거	야	.						

🌸 입

온갖 병들은 입을 통해서 들어오고
온갖 나쁜 일들은 입을 통해서 퍼져 나가는 걸 명심하렴.

·········♡

온	갖		병	들	은		입	을		통
해	서		들	어	오	고		온	갖	나
쁜		일	들	은		입	을		통	해	서
퍼	져		나	가	는		걸		명	심	하
렴	.								

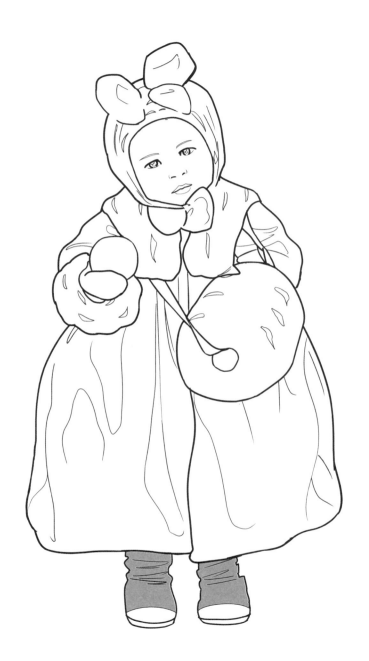

🌸 살아갈 때

겸손과 공경으로 다른 사람을 대하고,
진심과 사랑으로 가족을 대해야 해.

·········♡

	겸	손	과		공	경	으	로		다	른
사	람	을		대	하	고	,		진	심	과
사	랑	으	로		가	족	을		대	해	야
해	.										

🌸 시련

시련은 마음을 단련시키고,
냉정과 열정은 나를 견디게 하는 시험지라고 생각하렴.
·········♡

시	련	은		마	음	을		단	련	시
키	고	,		냉	정	과		열	정	은
나	를		견	디	게		하	는		시	험
지	라	고		생	각	하	렴	.		

❀ 가난과 부유함

부유하다고 해도 분수에 맞게 행동해야 하고,
가난하다고 해서 자신의 생각을 굽힐 필요는 없는 거란다.
·········♡

	부	유	하	다	고		해	도		분	수
에		맞	게		행	동	해	야		하	고,
가	난	하	다	고		해	서		자	신	의
생	각	을		굽	힐		필	요	는		없
는		거	란	다	.						

❀ 선과 악

선한 것을 보면 '내가 부족하다'고 생각하고,
악한 것을 보면 마치 뜨거운 물 속에 손을 넣는다 생각하렴.
·········♡

선	한		것	을		보	면		'	내
가		부	족	하	다	'	고		생	각	하
고	,		악	한		것	을		보	면
마	치		뜨	거	운		물		속	에
손	을		넣	는	다		생	각	하	렴	.

✿ 집중

재능은 배워야 발현되는 것이라 배울 때는 집중하고,
재능을 익혔으면 정신에 집중해서 그 끝을 이루어야 해.
.........♡

	재	능	은		배	워	야		발	현	되
는		것	이	라		배	울		때	는	
집	중	하	고	,		재	능	을		익	혔
으	면		정	신	에		집	중	해	서	
그		끝	을		이	루	어	야		해	.

✿ 원리

높이 오르려면 낮은 데서 시작해야 하고,
멀리 가려면 바로 앞 가까이에서 시작해야 하지.

·········♡

높	이		오	르	려	면		낮	은	
데	서		시	작	해	야		하	고	,
멀	리		가	려	면		바	로		앞
가	까	이	에	서		시	작	해	야		하
지	.									

✿ 바른 생활

돈을 모으는 심정으로 공부하고,
연애하는 마음으로 가족을 대하면 그 보다 나은 인생은 없단다.
·········♡

	돈	을		모	으	는		심	정	으	로
공	부	하	고	,		연	애	하	는		마
음	으	로		가	족	을		대	하	면	
그		보	다		나	은		인	생	은	
없	단	다	.								

✿ 노력

처음에는 아무리 차이가 털끝만하다 해도
나중에는 천리보다 엄청나게 벌어진단다.

·········♡

	처	음	에	는		아	무	리		차	이
가		털	끝	만	하	다		해	도		나
중	에	는		천	리	보	다		엄	청	나
게		벌	어	진	단	다	.				

🌸 말조심

돌담에도 틈이 있고,
벽에도 귀가 있다고 하지.

········♡

	돌	담	에	도		틈	이		있	고	,
벽	에	도		귀	가		있	다	고		하
지	.										

✿ 가족애

세상에 옳지 않은 부모는 없고,
세상에 제일 얻기 어려운 것이 형제자매란다.

·········♡

	세	상	에		옳	지		않	은		부
모	는		없	고	,		세	상	에		제
일		얻	기		어	려	운		것	이	
형	제	자	매	란	다	.					

✿ 말

골짜기를 쉽게 가득 채울 수는 있어도
사람의 마음은 가득 채우기는 어려운 거야.

·········♡

	골	짜	기	를		쉽	게		가	득
채	울		수	는		있	어	도		사	람
의		마	음	은		가	득		채	우	기
는		어	려	운		거	야	.		

✿ 꾸짖음

사람을 때리게 되더라도 얼굴을 때려서는 안 되고,
꾸짖게 되더라도 그 단점을 들춰내면 안 되는 거야.

……......♡

사 람 을 때 리 게 되 더 라

도 얼 굴 을 때 려 서 는 안

되 고 , 꾸 짖 게 되 더 라 도

그 단 점 을 들 춰 내 면 안

되 는 거 야 .

사랑하는 _____를 기다리며